薄《うす》暗《ぐら》い密《みつ》林《りん》の大地に横たわり、
空を眺《なが》めているのか、
それとも樹《じゅ》上《じょう》の何かを見ているのか、
あたりにとけこむ漆《しつ》黒《こく》の体毛と皮《ひ》膚《ふ》のなかに、
天を見つめる赤みをおびた瞳《ひとみ》だけが、
爛《らん》らんと輝《かがや》きを放っていた。

“ジャングル”

チンパンジー

写真・文
前川貴行

人類発祥《はっしょう》の地と言われているアフリカ大陸。
この巨大《きょだい》な大陸には、僕《ぼく》らと同じヒト科の動物が三種類生きている。
ゴリラ、ボノボ、チンパンジーだ。
オランウータンも仲間だけれど、一種だけ東南アジアに暮《く》らしている。
これら四種を大型類人猿と呼ぶ。

いつだったか本を読んでいると、
「チンパンジーはほぼヒトであり、ヒトはほぼチンパンジーである」
と書かれていた。
えっ、いったいそれはどういうこと？
不思議に思った僕は自分の目で確かめたくなり、
チンパンジーのすむ東アフリカのウガンダへと向かった。

ウガンダの首都カンパラから、
古いランドクルーザーに機材を積みこみ走り出す。
舗《ほ》装《そう》路《ろ》は都市周辺と数少ない幹線道路だけで、
あとはガタガタの未舗装路となる。
ゆられ続けて5時間走り、
ようやくチンパンジーのすむ土地へとたどり着いた。
ここはキバレの森。
チンパンジーっていったいどんな動物なのだろう？

やぶをかきわけ、
丘《おか》を登っては降《お》り、
ぬかるみで転び、
小川を飛び越《こ》えて先へと進む。
少し肌《はだ》寒《ざむ》いけれど
起《き》伏《ふく》の激《はげ》しいジャングルのなかを歩けば、
すぐに汗《あせ》がにじむ。

獣道《けものみち》には
ゾウの巨《きよ》大《だい》な糞《ふん》がたくさん転がっている。
ゾウにばったり出会って
襲《おそ》われないように、
じゅうぶん気をつけなければならない。

ときどき樹上《じゆじよう》に
こんもりとした枝葉の
かたまりがある。
チンパンジーが
夜寝《ね》るためのベッドだ。
足《あし》跡《あと》や糞もあちこちで見かける。

しばらく歩くと、
がさがさと下草をゆらしながら動く
黒い生き物がいた。
チンパンジーだ。
何頭いるのか分からないけど、
ひとかたまりにはならず、
みなそれぞれ好き勝手に動いている。
見ていると母子や雌《めす》、
若《わか》い雄《おす》といったグループと、
大人の雄のグループに
分かれているみたいだ。

僕《ぼく》はチンパンジーたちについて行くことにした。
母子や雌、若い雄たちは足早に歩くのに、大人の雄たちはのんびりしている。
でも最後に群れは一カ所に合流したので、
どこに向かうのかをみんな知っているようだ。

彼《かれ》らはたいてい穏《おだ》やかだけれど、
仲間どうしで喧嘩《けんか》もするし、
他の群れとは激《はげ》しく争う。
大人の雄《おす》は
僕《ぼく》を気にせず放っておいてくれるので、
彼らの自然な表情が見られる。
堂々とした雄の姿《すがた》は貫禄抜群《かんろくばつぐん》。
でも機嫌《きげん》が悪いときは、
怒《おこ》って威嚇《いかく》してくることもある。
木を激しくゆすったり、
枝をバキバキと折ったり、
木の根をボコンボコンと叩《たた》いたりする。
そんなときは
そっと離《はな》れて遠くから静かに見守る。

母子にはあまり近づけない。
子どもは好《こう》奇《き》心《しん》旺《おう》盛《せい》だけど、
母親が心配するからだ。
母子が仲良くじゃれ合う姿《すがた》は
僕《ぼく》らとなにも変わらない。
愛情あふれる子育てを見ていると、
やはり同じヒトなんだなあと思う。

一頭の雄《おす》を追っていると、
巨大《きょだい》なイチジクの古木《こぼく》で足を止め、
板状根《ばんじょうこん》の上に座《すわ》った。
カメラをかまえた瞬間《しゅんかん》ハッと息をのんだ。
鬱蒼《うっそう》としたジャングルでありながら、
抜《ぬ》け良く見える巨大な古木と
遠くを見つめる雄。
このジャングルとチンパンジーを表す
絶好の光景だと思った。

動物たちの生活はまず食べることから。
夜明け前からジャングルに入り、
昨日の夕《ゆう》暮《ぐ》れに落ち着いた寝《ね》場所へと行ってみる。
イチジクの巨《きょ》樹《じゅ》の上では群れが一夜を過ごしていた。
日の出とともに起き出したチンパンジーたちは、
木々を伝い、地上を歩いて、それぞれに移動を始めた。

そしてたわわに実るイチジクの実などを見つけると、
しばらく朝食の時間となる。
たっぷり食べたあと母子はじゃれあったり、
子どもたちはふざけあって遊んだり、
大人たちは寝《ね》転んで昼寝をしたりと、
みな思い思いに過ごす。
のんびりと休憩《きゅうけい》したあとは再び歩き始める。
毎日そんな感じで生きている。

彼《かれ》らがジャングルを
移動するスピードはとても速い。
普《ふ》通《つう》に歩いているだけなのだが、
密集《みっしゅう》したやぶのなかを
するするとくぐり抜《ぬ》け、
枝を伝い、
ジャンプを繰《く》り返しながら
よどみなく進む。

アップダウンの激《はげ》しい
木々の密集したジャングルは、
ヒトにとってはひどく歩きづらく、
ついて行くのが大変だ。
一日が終わるともうヘトヘト。

あるとき、けたたましい叫《さけ》び声をあげて、
チンパンジーたちが縦横無尽《じゆうおうむじん》に樹上《じゆじよう》を駆《か》け巡《めぐ》っていた。
一頭の雄《おす》が手に大きな黒いものを持ってかじりつき、
それを奪《うば》おうとほかの雄たちが追いかけ回している。
奪い合っているのは肉片《にくへん》と化したオナガザル科のホオジロシロマブタザルだ。
腕《うで》の皮をはいで肉を食べている。
同じ大型類人猿《るいじんえん》の仲間でもゴリラやオランウータンはほとんど植物しか食べないが、
チンパンジーは果実や植物、昆虫《こんちゆう》などのほかに狩猟《しゆりよう》をして肉を食べる。

サルを食べるチンパンジー。
初めてこの光景を目撃《もくげき》した僕《ぼく》は、
見てはいけないものを
見てしまったようなショックを受けた。
そしてヒトの姿《すがた》がかさなった。
それは例えば、僕らは平和と幸福を求め、
互《たが》いに手を取り合って未来に進もうとする反面、
いまだに戦争をやめることができずに
傷《きず》つけあっている。
同じような感覚が、
チンパンジーにもあるように思えた。

雄《おす》の集団を追っていたとき、
移動の途中《とちゅう》で皆《みな》が地面に横たわって休憩《きゅうけい》をし始めた。
雄たちは寝《ね》転んだり毛づくろいしたりとくつろいでいたが、
僕《ぼく》はふと、この状況《じょうきょう》を冷静に考えてみた。
ジャングルの奥地《おくち》でたったひとり、
チンパンジーの雄たちと共にいる。
雄は体も大きく力も強い。
牙《きば》だって鋭《するど》い。
襲《おそ》う気になれば、僕などはひとたまりもないだろう。
しかもそんな生き物が間近に五頭もいるのだ。
そして僕らと同じ狂気《きょうき》を秘《ひ》めているのがありありと分かる。

大型類《るい》人《じん》猿《えん》のなかにおいて、気まぐれで破《は》天《てん》荒《こう》なチンパンジーはヒトとそっくりだ。
チンパンジーはヒトの思いが分かるという。
僕《ぼく》が怖《こわ》がっていたら、その気持ちが伝わってしまうかもしれない。
それはちょっと困《こま》るので、「僕は決して敵《てき》ではないよ」という心構えを強くする。
まるでおかしな話かもしれない。
でも僕はいつだって動物と向き合うときにそうしている。

ある日の午後、
枯《かれ》葉《は》の積もった大地の上で、
母親と赤ちゃんが
のんびりとくつろいでいた。
その表情は
このうえなく穏《おだ》やかだ。

同じ祖先を持つ我《われ》われは、
今から７００万～５００万年前に
チンパンジーとヒトに分かれ、
それぞれの道を歩んできた。
ＤＮＡのゲノムは98・77%ヒトと同じ。
それぞれに個性があって、
どちらが優《すぐ》れているということではけっしてないはず。

20世紀初頭には
１００万～２００万頭いたとされるが、
現在は10万～20万頭と
激《げき》減《げん》してしまったチンパンジー。
すみかとなるジャングルを
ヒトが急《きゅう》激《げき》に開《かい》拓《たく》して森林破《は》壊《かい》をおこしたこと。
ブッシュミートと呼ばれる食肉を得るためや、
高く売れる赤ちゃんを捕《ほ》獲《かく》するための密猟《みつりょう》。
人間からうつる感《かん》染《せん》症《しょう》の拡《かく》大《だい》。
それらはみんなヒトが原因だ。

僕《ぼく》らは話し合い、知《ち》恵《え》をしぼり、
共生するための一歩を踏《ふ》み出す。
手を取り合い、
この先の未来へとずっとずっと歩み続けて行きたい。
進化の隣《りん》人《じん》である
チンパンジーたちとともに。